CONSIDÉRATIONS

THÉORIQUES ET PRATIQUES

SUR L'ACTION DES ENGRAIS

LEÇONS PROFESSÉES A LA CHAIRE MUNICIPALE DE NANTES

SOUS LES AUSPICES DU MINISTRE DE L'AGRICULTURE, DU COMMERCE
ET DES TRAVAUX PUBLICS

PAR

ADOLPHE BOBIERRE

CORRESPONDANT DE LA SOCIÉTÉ
IMPÉRIALE ET CENTRALE D'AGRICULTURE, CHIMISTE VÉRIFICATEUR EN CHEF DES ENGRAIS
DE LA LOIRE-INFÉRIEURE, SECRÉTAIRE GÉNÉRAL DE LA SOCIÉTÉ
ACADÉMIQUE DE NANTES, MEMBRE DE LA CHAMBRE D'AGRICULTURE ET DU CONSEIL
CENTRAL D'HYGIÈNE ET DE SALUBRITÉ DE CETTE VILLE.

PARIS

DUSACQ, LIBRAIRIE AGRICOLE DE LA MAISON RUSTIQUE
RUE JACOB, N° 26.

1854.

NANTES, IMPRIMERIE WILLIAM BUSSEUIL.

A M. HEURTIER

DIRECTEUR GÉNÉRAL DE L'AGRICULTURE
ET DU COMMERCE.

Faible témoignage de reconnaissance et d'estime.

ADOLPHE BOBIERRE.

CONSIDÉRATIONS

THÉORIQUES ET PRATIQUES

SUR L'ACTION DES ENGRAIS

PREMIÈRE LEÇON.

Messieurs,

Ce n'est point sur des théories spéculatives ou préconçues que je me propose d'appeler votre attention. Je me bornerai à vous soumettre, d'une manière à la fois élémentaire et méthodique, l'interprétation de quelques faits généraux qui dominent dans l'ouest de la France les pratiques de l'agriculture. Assez d'expériences ont été faites en Bretagne, sur les engrais de diverses natures, pour qu'il soit désormais possible de coordonner les résultats obtenus; assez d'opinions ont été manifestées pour qu'il soit temps de formuler des lois. Tel est le but que j'essaierai d'atteindre dans ces leçons.

Le cours de chimie générale que j'ai professé dans cette enceinte, m'a permis de vous exposer les lois providentielles qui font de l'atmosphère un mystérieux chaînon destiné à relier le règne végétal au règne animal. Vous avez successivement vu le carbone, l'hydrogène, l'azote, oxydés par l'acte de la vie ; puis l'acide carbonique , l'eau , l'oxyde d'ammonium réduits sous l'influence de la végétation. J'ai déroulé, sous vos yeux, le tableau de ces réactions à la fois si simples et si belles qui permettent de comprendre le développement des êtres organisés, et de s'assurer qu'ils ne sont formés en dernière analyse que par un peu d'air condensé.

J'ajouterai que les éléments *organogènes* empruntés à l'atmosphère, tels que l'oxygène, l'hydrogène, le carbone et l'azote sont unis dans le végétal à une notable proportion de matière minérale extraite du sol par les canaux microscopiques des radicelles. C'est ce dont vous pouvez vous assurer facilement, Messieurs, en brûlant une plante quelconque. Certains produits gazeux retourneront à l'atmosphère d'où ils avaient été éliminés, et des *cendres* resteront comme résidu dans le creuset où cette analyse toute élémentaire aura été effectuée.

Passons rapidement sur ces théorêmes généraux que j'ai développés, il y a quelques mois déjà, et abordons de suite le terrain de l'application.

Je me propose, Messieurs, de démontrer successivement les propositions qui vont suivre :

1° La connaissance des lois relatives à l'action des engrais est le résultat immédiat d'un examen chimique comparatif, effectué sur le sol et les produits qui en sont extraits par l'agriculture.

2° L'examen chimique, interprété seul, est insuffisant pour fixer les idées sur les conditions réelles où s'effectuera la végétation. La disposition physique des molécules entre comme élément important dans la discussion du problême.

3° Les engrais proprement dits peuvent être ramenés à quelques types généraux d'une grande simplicité.

4° Le type répondant aux besoins des terrains alumino siliceux est représenté par les engrais dans lesquels l'azote et l'acide phosphorique sont co-existants.

5° Le type répondant aux besoins des terrains dans lesquels la nature a réuni les substances minérales nécessaires à la végétation est représenté par les engrais azotés.

6° On peut dire, avec Dumas, que parmi les moyens économiques propres à rendre à l'agriculture tous les produits essentiels que les plantes ont soustraits au sol, le dernier mot de la chimie se résume en — ammoniaque et phosphates terreux.

7° Quelqu'imparfaite qu'elle soit, l'analyse chimique est, dans l'état actuel de nos connaissances, le guide le plus certain auquel l'agriculteur puisse avoir recours, à la condition toutefois de tenir compte des circonstances physiques dans lesquelles ce guide est utilisé.

I.

Il ne manque pas d'esprits superficiels qui, se rendant un compte inexact des nécessités de la grande culture et des circonstances pratiques dans lesquelles elle s'effectue, ne soient prêts à condamner en principe l'emploi de tout engrais étranger au fumier de ferme.

Il importe tout d'abord de réduire à sa juste valeur un tel exclusivisme.

Nul doute que les débris de la ferme ne soient essentiellement propres à la fertilisation du sol qui en dépend ; nul doute non plus qu'une convenable répartition d'un domaine, de manière à consacrer telle de ses parties à l'engraissement des bestiaux et telle autre à la culture des céréales, ne soit également logique. Mais pour apprécier convenablement la question des engrais, il est indispensable de se placer sur un terrain plus élevé et de considérer tout à la fois la composition géologique d'un territoire donné et les conditions économiques de transport qui y dominent les transactions et les pratiques de l'agriculture.

En se plaçant au point de vue géologique, on ne tarde pas à reconnaître que les méthodes de culture ayant pour effet de déterminer les conditions de la végétation, et non de créer les substances qui lui sont nécessaires, il y a lieu, par suite, de modifier dans quelques cas la nature de certains sols par l'introduction des matières propres à certains autres. A cette seule condition il est possible de répartir à peu près uniformément les cultures, et cette proposition me parait tellement claire que je crois inutile d'insister sur son développement. Aucune théorie formulée à cet égard n'aurait d'ailleurs la haute éloquence des faits qui s'accomplissent dans les terrains alumino-siliceux de la Bretagne, de la Mayenne et d'une portion de la Vendée, où l'emploi du noir animal et de la chaux a réalisé depuis 25 ans des résultats admirables et quadruplé la production des céréales en permettant le défrichement des landes.

Le fumier, il est bon qu'on le sache, contient en moyenne 70 à 80 % d'eau dont la présence grève d'autant son transport. Sa quantité n'est malheureusement pas en rapport avec les besoins de l'agriculture (1), et s'il est utile d'encourager sa production ainsi que l'amélioration des méthodes aujourd'hui barbares de sa conservation, il ne s'ensuit pas que les engrais nombreux, d'origine animale, végétale et minérale qui peuvent lui venir en aide, doivent pour cela être négligés.

Je ne crois pas faire de l'abstraction en posant l'hypothèse suivante et en poursuivant ses corollaires.

Un sol renferme de la silice, de l'alumine, des oxydes de fer et de manganèse. Ce sol reçoit les eaux pluviales que,

(1) Voici quelques chiffres propres à donner une idée exacte de la production du fumier de ferme en France.

Pour	Bestiaux.		On obtient en fumier—mètres cubes.
Espèce bovine......	9,936,538		150,000,000
— chevaline....	2,818,496		42,277,440
— ovine.......	32,151,430		16,000,000
— porcine.....	4,910,721	et div. résidus	20,000,000
		Total du fumier...	228,277,440

Soit un chiffre de 5 mètres cubes pour l'hectare!

pour simplifier le problème, nous considérerons comme pures. Du blé, des pommes de terre sont semés dans un tel sol, sa matière minérale constitutive nous est connue.

Ce que nous savons d'autre part, c'est que dans une culture ordinaire, avantageuse, normale en un mot, effectuée sur un hectare,

Les pommes de terre enlèvent....	123 k. 4 de cendres.	
Les betteraves................	199, 8	
Les topinambours............	330, 0	
Le froment (paille et grain)......	220, 8	(1)

Jusqu'à présent rien ne paraît incompatible entre les conditions où nous avons choisi notre terrain et ces nécessités naturelles révélées par les observations les plus élémentaires.

Mais, si nous examinons la composition chimique des principes minéraux contenus dans las plantes que nous venons de citer au hasard, nous arrivons bientôt à reconnaître avec M. Boussingault :

Que les cendres de pommes de terre représentent par hectare et *entre autres principes* :

13k. 9 d'acide phosphorique,
8, 8 d'acide sulfurique,
2, 2 de chaux,
63, 5 de potasse et soude,
6, 7 de magnésie,
3, 3 de chlore.

Pour les betteraves obtenues dans les mêmes conditions, nous trouvons :

12k. » d'acide phosphorique,
3, 2 d'acide sulfurique,
14, » de chaux,

(1) Le grain représentant 27 k. 5, et la paille 193 k. 3.

89 k. 9 de potasse et soude,
8, 8 de magnésie,
10, 4 de chlore.

Pour les topinambours :

35 k. 6 d'acide phosphorique,
7, 3 d'acide sulfurique,
7, 6 de chaux,
146, 8 de potasse et soude,
5, 9 de magnésie,
5, 3 de chlore.

Enfin, le froment (grain) aura enlevé par hectare **12 k. 9** d'acide phosphorique, 8 k. **1** de potasse et soude, **4 k. 4** de magnésie, etc.

Eh bien ! je le demande aux partisans exclusifs de l'emploi des fumiers, pensent-ils que dans le sol que j'ai choisi pour exemple, c'est-à-dire dans cette matière plus ou moins poreuse, chargée de silice d'alumine, d'oxyde de fer et d'oxyde de manganèse, la culture des pommes de terre, des betteraves, des topinambours, du froment, puisse être chose facile et avantageuse?

Evidemment non.

Je sais, Messieurs, que les faits ne se présentent pas en agriculture avec la rigueur que je leur donne ici. Il est incontestable en effet que si, d'une part, l'analyse chimique est loin d'avoir décélé dans certains terrains toutes les substances qui y existent cependant et que les plantes savent en extraire, d'autre part les eaux de pluies et *l'air lui-même peut-être* apportent sans cesse des infiniment petites quan tités de principes minéraux dont l'accumulation a lieu de surprendre l'observateur peu consciencieux; mais les considérations sur lesquelles j'aurai occasion de revenir plus loin ne modifient en rien les conclusions pratiques de l'étude corrélative effectuée sur le sol et le type général auquel on peut ramener la cendre des végétaux. Cette étude conduit à reconnaître :

Qu'en admettant l'imperfection relative des méthodes d'analyse chimique,

Qu'en admettant également l'apport par l'atmosphère de substances minérales extrêmement divisées,

On arrive forcément à la conclusion suivante :

Certains sols renferment, au point de vue qualitatif et quantitatif, les éléments favorables à telle végétation et ne sauraient dès-lors convenir à telle autre.

C'est ce que la nature démontre en déterminant des lieux d'élection pour chaque végétal, et en faisant prospérer la luzerne sur les terres calcaires, le blé sur les sols riches en acide phosphorique et la vigne sur les coteaux qui peuvent lui fournir de l'oxyde de potassium.

Je me résume :

Les fumiers formés aux dépens du sol et de l'atmosphère offrent à l'agriculture, sous un volume réduit, des produits minéraux qui, pour la plus grande partie, préexistaient dans le sol.

Ces produits n'ont point été créés mais condensés, et l'état transitoire qui les a caractérisés dans le fumier n'a eu pour effet que de les rendre plus facilement assimilables.

Il est donc indispensable de faire dépendre le choix des cultures de la nature chimique des terrains, ce qui conduit à amender les sols ou l'on veut indifféremment cultiver tel ou tel végétal.

Ces principes ne s'appliquent pas à un sol normal, c'est-à-dire renfermant en grande proportion toutes les substances minérales nécessaires à la végétation. Il peut arriver cependant, dans ce dernier cas, que la culture par trop prolongée d'une catégorie spéciale de plantes détermine l'épuisement d'un ou plusieurs principes qu'il y ait ensuite opportunité, nécessité même de restituer à la terre sous forme d'engrais.

S'il est vrai que sur un sol normal, il suffise de rendre à la terre le résidu ultime des matières qu'elle a produites, c'est-à-dire les excréments et la substance constitutive des animaux carnivores ou herbivores, il est démontré, d'autre part, que pour certaines régions agronomiques dans des conditions spéciales, — et je citerai notamment les landes de la Bretagne et de la Mayenne qui représentent environ un million d'hectares, — l'introduction raisonnée des engrais artificiels peut transformer l'agriculture en lui fournissant de précieux moyens d'action.

Il suffit de lire les interressants compte-rendus de M. Olivier de Sesmaisons, sur le défrichement progressif de nos landes et l'emploi raisonné des noirs de raffinerie, pour en acquérir la preuve.

Il me semble, en conséquence, également démontré *que la connaissance des lois relatives à l'action des engrais est le résultat immédiat d'un examen chimique comparatif effectué sur le sol et les produits qui en sont extraits par l'agriculture.*

II.

Les belles recherches effectuées depuis vingt ans, dans le domaine de la chimie organique, ont prouvé, avec une irrécusable évidence, l'influence de la disposition physique des molécules sur les propriétés de la matière.

Des relations non moins frappantes se présentent dans la pratique agricole.

A composition chimique égale, deux terrains ont une action complètement distincte sur la végétation. Dans l'un, les conditions de porosité sont telles que les gaz atmosphériques se condensant avec une remarquable énergie, apportent abondamment aux plantes les éléments de leur organisation. Dans l'autre, au contraire, l'imperméabilité est extrême; les radicelles végétales ne pénètrent qu'avec difficulté et lenteur; les gaz ne sauraient s'accumuler faute de réservoirs convenables ; enfin les conditions de capillarité ne sont pas de nature à permettre l'ascension de ces *courants interstitiels* si ingénieusement étudiés, il y a une année à peine, par M. Baudrimont, professeur de la Faculté des Sciences de Bordeaux (1).

Schübler avait la conscience de ces faits lorsqu'il donnait l'indication des méthodes à suivre pour apprécier la qualité des terres destinées à la culture (2). La pesanteur spécifique, la faculté de retenir l'eau, la consistance, l'aptitude à la dessication, le retrait subi par cette dessication, le pouvoir hygrométrique, l'absorption de l'oxygène de l'air, l'échauffement par la chaleur solaire, lui semblaient devoir entrer en ligne de compte avec la composition chimique élémentaire. On comprend facilement que de telles investigations aient une importance extrême, lorsqu'il s'agit d'engrais, c'est-à-dire de substances destinées à fournir aux végétaux un sol artificiel.

Tout le monde connaît aujourd'hui les brillants résultats obtenus dans le défrichement des landes de l'Ouest et la Sologne, au moyen des engrais très-riches en phosphate de chaux; or, il suffit de considérer des conditions dans lesquelles la répartition de cette substance a lieu, pour comprendre de suite l'importance énorme de l'état physique sous lequel elle est offerte au sol.

Il existe en Espagne du phosphate de chaux compact qui forme des collines entières (3). Quelques négociants ont tenté d'utiliser cette substance dans des terrains ou réussissait parfaitement le phosphate de chaux divisé que renferment les os carbonisés. Ils ont éprouvé un insuccès complet.

On a également reconnu en Angleterre que le phosphate

(1) De l'Existance de Courants interstitiels dans le sol arable, par A. Baudrimont. — 1852.

(2) Schübler. — Annales de l'Agriculture française, T. XL, page 122.

(3) A Truxillo, — Estramadure.

de chaux des formations du *crag* et du *grès vert*, connu sous le nom de *coprolithes*, ne donnait pas de résultats comparables à ceux obtenus au moyen des os calcinés : aussi a-t-on pris le parti, dans beaucoup d'exploitations, d'attaquer la substance au moyen de l'acide sulfurique. Ce mélange ultérieurement saturé tantôt par des cendres, tantôt par le calcaire du sol, n'est point amélioré par la formation du phosphate acide de chaux, puisque ce dernier sel est neutralisé a dessin dans la pratique ; mais bien parce que la division extrême du phosphate neutre reconstitué est extrêment favorable à son assimilation.

Il suffit, Messieurs, de fixer son attention quelques instants sur les principales opérations de l'agriculture, pour comprendre la haute portée de l'influence physique dans leur réalisation de chaque jour.

La fertilisation des terrains stériles par la plantation d'arbres, l'adjonction des terrains en prairies aux terrains à céréales, la pratique du pacage, n'ont pour but en effet ni de créer de la substance, ni de modifier les conditions chimiques de la végétation considérée en elle-même, mais simplement d'effectuer une action de condensation.

Les arbres, en aspirant par leurs racines profondément développées des substances disséminées dans le sol, condensent ainsi des éléments de fertilisation qui, à l'époque de l'automne, sont chaque année reparties à la surface de la terre sous forme de feuilles mortes, bientôt converties en terreau fécondant.

Sous l'influence de l'irrigation, la végétation des prairies détermine d'une manière analogue la condensation de principes minéraux très-divisés que renferme le sol, et que les herbivores concrètent à leur tour, de manière à les présenter en dernière analyse sous un volume extrêmement réduit.

Ainsi tel terrain dans lequel l'analyse démontre avec peine la présence de quelques dix millièmes d'acide phosphorique, fournit peu à peu, sous l'influence de la force végétative, ces brins d'herbes dont la cendre renferme une quantité déjà notable de combinaisons phosphatées. L'herbivore enfin, par l'assimilation des aliments empruntés à la prairie, nous offre, par la constitution remarquable de sa charpente osseuse, si riche en acide phosphorique, un puissant engrais dont les végétaux, les herbages de la prairie, ont été les premiers extracteurs.

Par l'examen de ces faits, on arrive à reconnaître facilement que le rôle des prairies est précieux, que les fumiers qui en proviennent sont en réalité des engrais excellents, mais que ces fumiers ne sauraient contenir des substances que le sol ou les eaux pluviales ne renfermeraient pas eux-mêmes.

Il n'est pas rare cependant de voir la force condensatrice des végétaux produire l'accumulation, dans l'herbe des prairies, de substances que l'analyse était impuissante à signaler dans les sols. Il n'est pas rare non plus d'assister à une élimination analogue effectuée par les animaux. Ces faits peuvent être mis à profit comme moyen analytique d'une grande simplicité.

On sait que l'eau des mers ne renferme que des traces d'acide phosphorique, et cependant des myriades d'animaux s'y développent, empruntant et fixant cet acide que nous retrouvons dans les coquilles et les madrepores si largement employés comme engrais sur plusieurs points du littoral (1).

On sait également que bien des terrains dans lesquels l'analyse n'a pas, jusqu'à ce jour, signalé la présence de l'acide phosphorique, produisent cependant des végétaux dont les cendres ne sont pas exemptes de phosphore.

(1) De toutes les chaux, celle provenant des coquilles jouit aux Etats-Unis d'une faveur toute particulière, à cause de son extrême pureté et du phosphore qu'elle renferme : aussi produit-elle un effet tout à fait remarquable sur la végétation (Journal d'Agr., tome V, 2me série, page 552).

Ces faits m'ont conduit à tenter les expériences suivantes :

Des gneiss, des micaschistes, des granits dans lesquels l'analyse, effectuée par les méthodes les plus délicates, ne m'avait point permis de constater la présence de l'acide phosphorique, ont été calcinés, pulvérisés et disposés dans des verres distincts. Ces verres étaient placés sous des cloches dont les tubulures situées à la partie supérieure, permettaient d'irriguer à l'eau distillée, à l'aide de tubes en S. Des grains de froment, dont j'avais préalablement déterminé la quantité de cendre, furent placés au sein des différentes substances. J'avais espéré obtenir une récolte complète : les circonstances physiques de l'opération ne le permirent pas. Il me fut néanmoins facile d'isoler au bout de six semaines, dans la maigre récolte de paille obtenue, les cendres empruntées à la substance minérale du terrain très limité où la végétation avait eu lieu. Dans tous les cas, j'eus une augmentation d'acide phosphorique dont la constatation me conduisit à répéter sur les tourbes, des expériences que je rapporterai plus loin.

Que prouve cette expérience? Que les plantes remplissent un rôle extrêmement curieux, qui consiste dans une action condensatrice de substances extrêmement divisées dans le sol.

Par une condensation non moins remarquable, les écrevisses de nos ruisseaux mettent en évidence des quantités d'acide phosphorique que les réactifs les plus sensibles, tels que le molybdate d'ammoniaque, ne permettent de déceler que sur des résidus d'évaporation d'un poids considérable.

Ces différents phénomènes, Messieurs, prouvent le rôle immense que des actes purement physiques peuvent jouer dans l'assimilation de certaines substances minérales du sol. Ils se reproduisent nécessairement dans l'action des engrais, et sont assez généralement admis, d'ailleurs, pour que je croie ne pas devoir insister sur les exemples nombreux propres à les faire saillir.

Donc :

L'examen chimique, interprété seul, est insuffisant pour fixer les idées sur les conditions réelles où s'effectue la végétation. La disposition physique des molécules entre comme élément important dans la discussion du problème.

DEUXIÈME LEÇON.

III.

Messieurs,

Je ne crois pas qu'il soit possible d'établir des catégories rigoureusement tranchées et basées sur des actions physiologiques, lorsqu'il s'agit d'engrais. Il me semble évident que les substances qu'on a désignées sous les noms divers d'amendements, de stimulants, d'engrais proprement dits, agissent par des réactions si distinctes selon les circonstances, que vouloir les classer, abstraction faite de ces circonstances, est matériellement impossible. Je comprends, au contraire, une classification des engrais basée sur leur composition ou leur provenance, et la pratique conduit naturellement à l'adoption d'un tel système.

Prenons l'exemple d'un sol essentiellement formé de silice d'alumine et d'une faible proportion de potasse. Il est certain que les engrais calcaires renfermant une certaine quantité d'acide phosphorique, y réussiront à merveille alors surtout que leur état de division sera convenable, et que des matières organiques putrescibles favoriseront les réactions propres à répartir leurs principes minéraux.

Sur un sol calcaire contenant à la fois la silice, l'alumine, la potasse et l'acide phosphorique nécessaires aux végétaux, il serait inutile de tenter l'emploi des résidus de la carbonisation des os : du sulfate d'ammoniaque, des matières animales conviendront mieux.

Ce que j'établis ici pour deux types spéciaux bien connus, on pourrait l'établir pour plusieurs autres, bien que les variétés de sols arables, et par suite de types fertilisants, ne soient pas aussi nombreuses qu'on a voulu quelquefois le faire admettre.

Prenons au hasard, parmi les faits positifs et avérés de notre agriculture nationale, quelques exemples frappants du petit nombre de types des engrais.

Terrains calcaires.	Fumiers — Matières fécales. — Urines. — Débris musculaires d'animaux. — Récoltes en vert. — Guanos. — Engrais flamand. — Eaux du gaz saturées par le biphosphate de chaux. — Colombine. — Tourteaux.
Terrains silico-alumineux.	Noir animal. — Résidus de la clarification du sucre. — Ecumes de sucreries. — Phosphate de chaux du *Crag*. — Os calcinés ou en nature. — Marnes. — Chaux. — Trèz. — Tangue. — Sables calcaires. — Débris de coquilles. — Goëmons. — Guanos naturels et artificiels.

Quoi de plus simple et de plus significatif, Messieurs, que ces faits empruntés à l'expérience de chaque jour?

Aux environs de Paris, les phosphates de chaux sont sans action notable, et en général les engrais contenant à la fois l'acide phosporique et l'azote paraissent y agir en raison proportionnelle de l'ammoniaque qu'ils fournissent.

Aux environs de Lille (1), en Allemagne, on a plusieurs fois tenté l'action de ces substances riches en phosphate calcaire que les terrains de l'Ouest recoivent avec un avantage si marqué : aucun résultat n'a été obtenu. Les insuccès ont été notoires, et les résidus osseux ont repris la direction du port de Nantes, dont les navires venant des

(1) Analyse d'une terre à colza des environs de Lille, par M. Berthier :

Silice	78,2
Alumine	7,1
Oxyde de fer	4,4
Chaux	1,9
Magnésie	0,8
Acide carbonique	1,4
Eau	5,8
	99,6

Analyse d'un sol fertile de la Suède, par M. Bergman :

Carbonate de chaux	30
Gravier	30
Silice	26
Alumine	14

Analyse d'une bonne terre de froment du Midlessex, par Davy :

Sable siliceux et gravier	60
Silice	12,8
Alumine	11,6
Carbonate de chaux	11,2
Sels et matière organique	4,4

J'ajouterai que Giobert a trouvé, dans une terre des environs de Turin, 5 à 12 0/0 de carbonate de chaux.

Chaptal, dans un alluvion très-fertile de la Loire, 30 0/0, et dans un terrain excellent de la Touraine, 30 0/0.

On s'explique l'avantage de telles conditions, en réfléchissant que certaines cultures enlèvent au sol jusqu'à 150 kil. de chaux.

En ce qui concerne l'acide phosphorique, il est aujourd'hui prouvé que les bonnes terres en renferment des proportions notables.

Ces données conduisent nécessairement à reconnaître, avec Gasparin, que certaines terres doivent posséder un capital d'engrais convenable avant d'entrer en valeur, et que l'existence de ce capital dormant est nécessaire pour que l'agriculture soit fructueuse.

sucreries du monde entier, connaissent aujourd'hui le chemin. Tel guano agit bien dans un terrain siliceux, qui donne au contraire de médiocres résultats dans un sol normal. L'analyse prouve, en pareil cas, que l'engrais employé renferme une quantité considérable d'acide phosphorique et seulement des traces d'azote. Par contre, les engrais d'origine animale, tels que le sang, les chairs sèches, les poudrettes, qui ont un prix si élevé sur certains marchés agricoles, n'ont qu'une valeur relativement très-minime dans les terrains de l'Ouest, où l'expérience a prouvé *qu'ils poussaient au vert* sans donner au grain la consistance et la densité toujours obtenue sous l'influence du noir animal.

C'est pour la même raison que les tourteaux, si avidement recherchés dans le Midi, et dont la richesse en azote est de 3 à 5 %, sont complétement négligés dens les localités où les phosphates calcaires ayant imprimé une vigougoureuse impulsion à la production des céréales, sont devenus, avec les fumiers et les engrais maritimes, la base de l'agriculture positive.

Un habile agriculteur dont le nom est une autorité, Thaër, compare le sol à la matière première sur laquelle s'exerce l'industrie du manufacturier. L'habileté du cultivateur le plus expérimenté, dit cet auteur, pourrait échouer devant les difficultés d'un sol ingrat, alors même que les conditions du climat seraient les plus favorables. Poser un tel principe, c'est proclamer la haute nécessité d'une étude approfondie des engrais et des amendements physiques à introduire dans la culture. Cette étude ramenée au point de vue de la pratique, est simple parce que les catégories de terres arables ne sont pas multipliées. Tout en distinguant, en effet, les sols des sous-sols, on peut considérer la région agronomique N.-O., O. et S.-O. de la France, c'est-à dire comprise entre la Somme et la Gironde, comme subdivisée *à priori* de la manière suivante :

Terrains de transition où les engrais doivent nécessairement renfermer de l'acide phosphorique et de l'oxyde de calcium.	Calvados (portion), Manche, Côtes-du-Nord, Finistère, Morbihan, Ile-et-Vilaine, Sarthe (portion), Mayenne, Orne, Loire-Inférieure, Vendée (portion), Maine-et-Loire (portion), Deux-Sèvres (portion).
Terrains secondaires et tertiaires où les engrais complèxes réussissent et où les phosphates de chaux ont une action insignifiante.	Calvados (portion), Orne (portion), Sarthe (portion), Loir-et-Cher, Indre-et-Loire, Maine-et-Loire (portion), Deux-Sèvres (portion), Charente-Inférieure, Charente, Dordogne, Gironde, Lot, Lot-et-Garonne.

Je m'arrête, — l'appréciation des différents engrais employés dans ces deux classes de terrains, rentrant dans l'examen de ma quatrième proposition ; mais ce que je crois pouvoir dès à présent formuler, Messieurs, en raison des faits ci-dessus développés, c'est que :

Les engrais proprement dits peuvent être ramenés à quelques types généraux d'une grande simplicité.

IV.

J'arrive à ma quatrième proposition.

Il vous suffira, Messieurs, de jeter un regard sur les différentes phases suivies par la pratique dans l'application des engrais, pour être convaincus que les données fournies par l'analyse chimique sont en parfaite concordance avec les faits auxquels l'agriculture a été successivement et empiriquement conduite. Si nous prenons, pour point de départ dans cet examen, les terrains de transition de l'Ouest, nous voyons que les engrais qui y réussissent particulièrement consistent en noir animal. Quelles que soient d'ailleurs sa provenance et sa composition, ce noir nous offre une action plus ou moins favorisée par sa texture très-variable, comme on le sait ; mais ce qu'on peut poser en principe, c'est que les engrais phosphatés sont avant tout les principes *nécessaires* au défrichement des landes de l'Ouest et à la culture des terrains de transition de cette région agronomique.

Pour expliquer l'action de ces engrais, il est indispensable de jeter un coup-d'œil sur leur nature physique et chimique : c'est ce que je ferai aussi rapidement que possible.

C'est à partir de 1820, vous le savez, Messieurs, que les agriculteurs, éclairés par les expériences faites concurremment à Nantes, par M. Ferdinand Favre, et à Paris, par M. Payen, essayèrent l'action des résidus de raffinerie sur leurs terres. On peut dire que de cette époque date une véritable révolution dans l'agriculture. Ce qu'on peut dire également, c'est que cette utile découverte a jeté une vive lumière sur la question théorique que je discute en ce moment devant vous.

Lorsque le résultat des essais effectués au moyen du noir animal fut connu, on s'empressa d'exploiter les énormes remblais qu'une étrange incurie avait laissé accumuler aux environs des raffineries et des sucreries du monde entier. St-Pétersbourg, Stettin, Rotterdam, Amsterdam, Londres, Lisbonne, New-York, Venise, Kœnisberg, Gottembourg, Marseille, Dunkerque, Bordeaux, Paris, Orléans, envoyèrent sur le marché de Nantes, des résidus de compositions diverses, tantôt grenus, tantôt pulvérulents, renfermant de 10 à 30 pour mille d'azote, mais dont les différences d'action, inaperçues au premier abord, étaient impuissantes à distraire du grand résultat obtenu, c'est-à-dire de la modification efficace du sol silico-alumineux, et des faciles défrichements de nombreux terrains incultes jusque-là.

Quelques chiffres que je dois à l'obligeance de M. le Directeur des Douanes de Nantes, donnent une idée précise de l'importance du commerce des engrais riches en acide phosphorique.

Années.	Provenances étrangères.	Provenances françaises.	Total.
1840	11,428,927	5,643,057	17,071,984
1841	11,199,711	4,642,609	15,842,320
1842	11,823,012	4,345,608	16,168,710
1843	11,422,493	4,144,397	15,566,890
1844	12,624,650	8,407,643	21,032,283
1845	9,010,945	6,703,808	15,715,553
1846	7,326,115	8,195,242	15,521,357
1847	9,359,504	7,179,687	16,539,191
1848	6,960,775	6,869,727	13,830,502
1849	7,913,410	9,833,012	17,746,422
1850	5,886,906	9,115,070	15,001,976
1851	6,304,899	10,791,919	17,096,818
1852	6,682,459	10,217,203	16,899,662
1853	1er semestre.		6,168,316 (1)

(1) Ces quantités sont exprimées en kilog. L'hectolitre qui se vend 12 fr. en moyenne, représente 95 kilog.

A ces chiffres il faudrait ajouter 2,000,000 kil. annuellement vendus sur le marché de Nantes, par les raffineries de cette ville, d'Orléans et de Paris (1).

En présence d'une telle quantité d'acide phosphorique annuellement introduite dans les terrains de la Bretagne, de la Mayenne, de la Sarthe, de la Vendée, il serait difficile, on en conviendra, de revoquer en doute son action sur les récoltes de blé, de sarrazin, de choux et de pommes de terre. Lorsque la pratique consacre avec persévérance, et depuis vingt années, des millions à une opération, c'est que cette opération à sa raison d'être.

Avant d'examiner la composition chimique des noirs de différentes provenances, citons des types qui puissent leur servir de base, et établissons des distinctions radicales que je regarde comme indispensables à l'intelligence d'un tel sujet.

Le noir d'os du commerce offre la composition suivante :

DÉSIGNATION.	AZOTE pour 1000.	CHARBON Et matière org.	SELS solubles dans l'eau	SILICE.	ALUMINE et oxyde de fer.	PHOSPHATE de chaux.	CARBONATE de chaux.	MAGNÉSIE et perte.
Noir en grains......	9,5	0,108	0,008	0,028	0,007	0,817	0,030	0,002
Noir fin (2).........	11,2	0,116	0,010	0,027	0,007	0,731	0,080	0,029

Les *noirs en grains*, après avoir été plusieurs fois revivifiés, et après avoir enlevé des quantités considérables de chaux aux sucrates alcalins du travail des usines où l'on traite la betterave, offrent une composition que les provenances de Dunkerque représentent assez exactement. Voici quelques chiffres extraits de mon registre d'analyses :

(1) Une notable partie des noirs de résidus de raffinerie provenant de Paris et d'Orléans, est depuis quelque temps achetée par les cultivateurs de la Sologne qui s'en servent avec le plus grand succès pour leurs défrichements.

(2) Si le noir fin était préparé avec la totalité de l'os, il offrirait une composition identique à celle du noir en grains.

Noirs du Nord de la France.

DESIGNATION DES NOIRS.	AZOTE pour 1000.	CHARBON et matière organ.	SELS solubles dans l'eau	SILICE.	ALUMINE et oxyde de fer.	PHOSPHATE de chaux.	CARBONATE de chaux.	MAGNÉSIE et perte.
Valenciennes	7,5	0,107	0,033	0,075	0,010	0,660	0,106	0,009
Dunkerque.........	10,2	0,110	0,013	0,087	0,013	0,560	0,079	0,008
Lille	10,1	0,112	0,016	0,100	0,006	0,550	0,210	0,006
Lille	9,7	0,191	0,015	0,080	0,005	0,570	0,130	0,009
Lille	8,2	0,257	0,021	0,070	0,002	0,490	0,150	0,010
Lille	10,3	0,168	0,017	0,050	0,003	0,580	0,170	0,012

Les noirs en grains arrivant de Russie sont très-riches en phosphates et contiennent peu de carbonates. Cette circonstance s'explique facilement lorsqu'on réfléchit qu'ils sont rarement revivifiés ; tandis que les noirs du nord de la France, au contraire, sont lavés et calcinés jusqu'à ce que leur porosité soit réduite à ce point qu'il n'y ait plus aucun avantage à l'utiliser.

Voici la composition des principales variétés de noir de Russie que j'ai eu lieu d'examiner.

DÉSIGNATION DES NOIRS.	AZOTE pour 1000.	CHARBON et matière organiq.	SELS SOLUBL dans l'eau.	SILICE	ALUMINE et oxyde de fer.	PHOSPHATE de chaux	CARBONATE de chaux	MAGNÉSIE
St-Pétersbourg.......	14,	0,149	0,020	0,011	0,010	0,652	0,149	0,009
St-Pétersbourg......	15,	0,173	0,013	0,067	0,004	0,660	0,073	0,010
Riga..............	6,	0,062	0,009	0,060	0,010	0,720	0,131	0,008
Riga..............	7,	0,086	0,020	0,110	0,009	0,716	0,012	0,002
Riga..............	5,	0,070	0,005	0,020	0,002	0,853	0,040	0,010

Ces deux tableaux offrent des moyennes que j'ai été conduit à établir sur une grande quantité d'analyses. Les engrais qui y sont désignés constituant un groupe parfaitement tranché, je ne multiplierai pas les exemples, et je passerai de suite à l'examen des modifications éprouvées par les noirs en grains sous l'influence des opérations auxquelles ils sont déstinés.

Le tableau suivant résume ces modifications :

Tableau indiquant l'influence de la filtration du sucre et de la revivification sur le Noir animal.

DÉSIGNATION DU NOIR.	AZOTE pour 1000.	CHARBON et matière organiq.	SELS solubles	SILICE.	ALUMINE et oxyde de fer.	PHOSPHATE de chaux.	CARBONATE de chaux.	MAGNÉSIE et perte
Noir grain neuf.......	11,3	0,112	0,021	0,012	0,013	0,817	0,019	0.006
Noir grain neuf ayant servi une fois......	11,7	0,142	0,025	0,019	0,005	0,780	0,024	0,005
Noir grain neuf revivifié.	9,9	0,105	0,019	0,024	0,005	0,716	0,100	0,022
Noir grain neuf ayant servi deux fois......	14,2	0,123	0,013	0,022	0,005	0,774	0,054	0,009
Noir grain neuf.......	9,5	0,108	0,008	0,028	0,007	0,817	0,030	0.002
Noir grain neuf ayant servi une fois.......	15,3	0,112	0,019	0,033	0,007	0,759	0,060	0,010
Noir grain neuf revivifié.	8,9	0,101	0,025	0,030	0,008	0,790	0,046	0,009
Noir grain neuf.......	10,8	0,115	0,007	0,020	0,003	0,825	0,025	0,005
Noir revivifié deux fois.	9,2	1,010	0,028	0,020	0,004	0,810	0,118	0,010
Noir fin résultant du tamisage du noir revivifié	10,5	0,157	0,007	0,030	0,007	0,726	0,048	0,025

Ce tableau montre la faible influence que le passage de la clairce exerce sur la richesse en azote de l'engrais obtenu.

Je passe maintenant, Messieurs, à l'examen des *noirs fins* que je considérerai au même point de vue, c'est-à-dire en les suivant dans les différents appareils des sucreries ou des raffineries.

Comme vous le savez, la clarification a lieu soit au moyen du sang préalablement défibriné, soit à l'aide de blancs d'œuf, ainsi que cela se pratique encore dans certaines raffineries allemandes. L'albumine est coagulée sous l'influence de la chaleur. Son caillot divisé par le noir et la chaux, forme une masse fendillée, qui, soumise à l'action du filtre, pressée et lavée, donne le noir fin dont les raffineries de Bordeaux, Marseille, Paris, le Havre, Orléans et Nantes approvisionnent l'agriculture.

Ce que je dois ajouter, c'est que souvent, pour la production de qualités inférieures de sucre, on reprend le noir ayant déjà servi à une précédente clarification, et en le mettant de nouveau en contact avec du sirop mélangé de sang, on augmente considérablement sa richesse en matière azotée. Mais en tout état de cause, le noir ne saurait être employé plus de deux fois, car il perd rapidement sa propriété décolorante, et, en outre, suivant la dose plus ou moins forte de sang, devient spongieux, élastique, difficile à laver et à presser. En somme, les produits sucrés inférieurs étant numériquement moins considérables que les autres, un tel résidu de raffinerie n'entre que pour un cinquième au plus dans la masse du noir animal propre à l'engraissement du sol.

Les analyses suivantes établissent la nature des modifications éprouvées par le noir fin, suivant qu'il a servi à une ou plusieurs clarifications.

Tableau indiquant l'influence de la clarification du sucre sur le Noir animal fin.

DÉSIGNATION DU NOIR.	AZOTE pour 1,000.	CHARBON et matière organ.	SELS solubles	SILICE	ALUMINE et oxyde de fer.	PHOSPHATE de chaux.	CARBONATE de chaux	MAGNÉSIE et perte
Noir fin neuf avant la clarification	11,2	0,116	0,010	0,027	0,007	0,731	0,080	0,029
Noir fin neuf ayant servi une fois.....	19,5	0,211	0,016	0,051	0,007	0,646	0,064	0,005
Noir fin neuf avant la clarification	12,2	0,113	0,017	0,045	0,010	0,722	0,053	0,040
Noir fin neuf ayant servi une fois.....	28,3	0,320	0,015	0,045	0,014	0,537	0,049	0,020
Noir fin neuf ayant servi deux fois ...	35,9	0,422	0,014	0,052	0,010	0,460	0,033	0,009
Noir fin neuf	16,1	0,110	0,015	0,035	0,008	0,756	0,070	0,075
Noir fin neuf ayant servi une fois.....	25,4	0,362	0,038	0,045	0,008	0,526	0,100	0,010
Noir fin neuf ayant servi deux fois . .	31,8	0,425	0,008	0,042	0,005	0,473	0,045	0,005

Il n'y a, dans ces résultats, l'expression d'aucun fait imprévu. Ce que je me bornerai à faire remarquer, c'est qu'entre les noirs en grains ayant servi à la filtration et les résidus fins de la clarification, il y a une énorme différence au point de vue de la chimie ; or, l'agriculture a, de son propre mouvement, établi nettement la portée de cette différence, ainsi que je vais l'établir.

Ce qui se passe dans le domaine des faits agricoles permet de reconnaître que les discussions sur le rôle des principes fécondants du noir animal, eussent été promptement terminées, si de prime abord on avait tenu compte des qualités différentes de cette substance, ainsi que des modes non moins différents de son emploi.

Un examen prolongé des engrais introduits chaque année dans le port de Nantes,par les caboteurs de diverses contrées, et notamment de France, de Hollande et d'Angleterre, m'a permis de reconnaître que l'on a confondu jusqu'à ce jour sous un seul nom, deux substances fécondantes essentiellement différentes au point de vue pratique. Ces deux substances sont : 1° *le noir résidu de raffinerie proprement dit*, matière riche en azote et en phosphate calcaire et contenant dans une heureuse proportion les principes les plus utiles aux végétaux ; 2° *le noir animal*, substance le plus souvent grenue, ayant subi un grand nombre de revivifications, et dont l'emploi réussit spécialement dans le défrichement des landes.

Les effets du noir riche en azote et en phosphate, sur les sols argilo-siliceux de la Bretagne et d'une partie de la Vendée, sont parfaitement connus. Il existe des domaines dans lesquelles, depuis vingt années, cette substance réussit à merveille. Mais ce qu'il faut remarquer, c'est que si, dans les terres épuisées par une longue culture, les *noirs résidus de raffinerie* sont les engrais surtout convenables, en revanche les terres de landes, riches en matière organique végétale, et propres dès lors à favoriser la solubilité des phosphates par leur acide carbonique, sont fertilisées avec un grand avantage par le *noir animal*, alors même que ce dernier est grenu et qu'il ne contient point de matière animale.

Ainsi, vous le voyez, Messieurs, deux faits bien tranchés qu'on peut résumer ainsi :

Pour les terres pauvres en substance organique, — emploi de noir azoté ayant servi à la clarification.

Pour les landes chargées de substances organiques, sonrce incessante d'acide carbonique, — emploi du noir animal le plus souvent grenu.

Cela est tellement vrai que l'observateur qui parcourerait la Mayenne, la Bretagne et la Vendée pourrait en quelque sorte déterminer *àpriori* les terrains ou tel des noirs que je viens de citer, serait employé avec le plus de succès : il lui suffirait pour cela d'examiner les espaces malheureusement trop considérables encore, où existent les landes et ceux qui sont en culture depuis longtemps. C'est ce que M. le vicomte de Romanet, auteur d'un travail consciencieux communiqué à l'Académie des Sciences, en mars 1852, a pu vérifier il y a quelques mois, pendant l'excursion agronomique qu'il fit dans l'Ouest.

Il devient donc parfaitement explicable pour vous, Messieurs, que chez un agriculteur distingué, M. Chambardel, un tombereau de marne versé par mégarde sur des défrichements, ait rendu le noir impuissant à fertiliser le sol; tandis que partout ailleurs l'acide carbonique produit par le remuage de la lande avait agi avec vigueur sur le phosphate. On s'explique également que M. le vicomte de Romanet ait fait cette logique remarque : que le marnage atténue et neutralise même l'effet du noir. On s'explique enfin que les paysans de la Vendée, après avoir employé la chaux comme engrais et détruit ainsi la matière organique du sol, lorsque les céréales sont à bas prix, s'empressent, lorsque les cours se relèvent, d'acheter des *résidus de raffinerie proprement dits,* laissant volontiers aux défricheurs de landes de la Mayenne et de la Bretagne, le *noir animal* que certains propriétaires prennent même à l'état vierge chez le fabricant de noir d'os.

Le noir agit-il par son azote ou par son acide phosphorique? Tel est la question qu'on s'est tout d'abord posée. Eh bien, disons-le : posée de cette manière, elle était insoluble. Aux environs de Paris, en effet, le noir animal *résidu de la clarification* agira, car il est azoté; mais le *noir animal de Russie* n'y produira aucun résultat, et cependant ce dernier engrais fait merveille en Bretagne. Donc c'est seulement l'action relative des différents noirs sur les terrains silico-alumineux de l'Ouest qu'il faut s'attacher à interpréter pour avoir une théorie juste de la propriété fécondante de cette catégorie d'engrais.

La version la plus généralement accréditée dans l'Ouest, attribue uniquement au phosphate de chaux le pouvoir fertilisant des noirs, et cette croyance est tellement enracinée chez les commerçants et les agriculteurs, que le dosage seul des phosphates détermine presque toujours le prix de ces engrais.

On a également attribué au sang, — et à la faculté qu'il possède, en présence du charbon, de ne céder que peu à peu ses produits ammoniacaux, — toute l'action fécondante des noirs de raffinerie. Sous l'influence d'une telle pensée, on a conseillé le dosage de l'azote contenu dans ces résidus, comme le meilleur procédé propre à en faire apprécier exactement la richesse. Si cela était vrai d'une manière absolue, les résidus de raffinerie ne vaudraient pas le sang sec et pur, et cependant les céréales cultivées dans les sols pauvres en phosphates, en réclament trop impérieusement pour que le noir animal ne leur soit pas très-favorable, présenté toutefois dans des circonstances données.

Le rôle du charbon, très-utile il est vrai, en raison surtout de sa porosité qui en fait un dispensateur de gaz fertilisants, a été invoqué exclusivement aussi et à tort, pour donner une explication des propriétés des résidus de raffinerie.

Enfin le sirop qui reste interposé dans les pores du noir malgré le lavage le mieux exécuté, et dont la fermentation alcoolique a si gravement nui à la végétation dans quelques circonstances, a joué le même rôle dans certaines théories que le sang, le charbon, les sols calcaires, etc.

Si on prend un noir fin, provenant de la clarification, et

qui ait séjourné une quinzaine de jours dans la cour de l'usine où il a été produit, on remarque qu'il est couvert de moisissures et que sa température est élevée. Soumis à l'ébullition avec de l'eau distillée, ce noir donne lieu, après la filtration, à une solution jaune clair franchement acide, dans laquelle l'ammoniaque détermine, au bout de quelques instants, un assez volumineux précipité de phosphate de chaux. Un essai identique, opéré contradictoirement sur du noir vierge, fournit un résultat diamétralement opposé.

Le même noir abandonné quelques mois à lui-même a peu à peu perdu son acidité, à mesure que les produits azotés qu'il contenait ont subi leur décomposition spontanée et que, d'autre part, les matières sucrées dont la minime proportion était restée interposée dans les pores du noir animal, ont été elles-mêmes détruites par la fermentation.

Il est donc bien prouvé par ce fait que les faibles quantités de sucre qui restent dans les noirs résidus de raffinerie, après le lavage jusqu'au zéro aréométrique, favorisent de la manière la plus marquée, par leur décomposition ultérieure, la solubilité du phosphate de chaux, et facilitent par suite l'assimilation de ce composé.

J'ai eu souvent, Messieurs, l'occasion de vérifier ce fait sur des chargements de noir venant de Bordeaux à Nantes. Pendant le trajet, en effet, la fermentation s'effectue de manière à élever considérablement la température. Les produits acides de la fermentation réagissent puissamment alors sur le phosphate de chaux et le rendent soluble dans l'eau.

L'acide acétique ne jouit pas seul, dans ce cas, des propriétés dissolvantes si nécessaires au rôle des phosphates. Jetons, en effet, un regard sur les divers produits gazeux résultant de la fermentation du noir au sein de la terre, et nous reconnaîtrons que l'ammoniaque, en se développant au fur et à mesure de la décomposition du sang, procure encore à l'engrais au milieu duquel il prend naissance, une activité des plus précieuses. Cette circonstance démontre donc qu'il est possible, par l'adjonction convenable de matières organiques azotées à certains noirs en grains entiers ou pulvérisés, de produire d'excellents engrais, ainsi que l'ont du reste compris et mis en œuvre quelques praticiens éclairés de l'Ouest.

Quant à l'acide carbonique qui se développe pendant la décomposition du noir de raffinerie mêlé au sol, il est inutile d'insister sur son efficacité parfaitement constatée sous le rapport de la solubilité qu'il communique au phosphate de chaux, comme sous celui de son absorption directe par les végétaux auprès desquels il est mis en liberté.

Voici donc deux principes, l'ammoniaque et l'acide carbonique, qui, prenant naissance par suite de la décomposition du sang et de la combustion lente du carbone, remplissent les conditions les plus favorables à l'assimilation des phosphates par les plantes.

En ce qui concerne l'action de l'acide carbonique sur le phosphate de chaux, les belles recherches de Berzélius, sur les eaux de Calsbrad ; celles de M. Dumas et de M. Lassaigne, sur des lames d'ivoire immergées dans l'eau de Seltz, et enfin celles que j'ai effectuées avec M. Moride, sur les phosphates de quelques végétaux, démontrent péremptoirement son importance. (1)

J'ai voulu me rendre compte de la dose de phosphate de chaux qui pouvait être rendue soluble sous les influences que je viens de développer. J'ai trouvé une occasion favorable pour effectuer, avec précision, cette expérience dans les circonstances que je vais décrire.

Une raffinerie d'Amsterdam opérait, en 1852, la cla-

(1) Compte-rendus de l'Académie des Sciences. — 1847, deuxième semestre, page 1139.

rification, en employant les proportions suivantes de substance :

2,000 à 2,500 kil. de sucre.
50 à 100 kil. de noir.
2k,500 à 3 kil. de sang de bœuf.
30 œufs.

Le noir provenait du blutage des gros noirs révivifiés. Le résidu de la clarification contenait, d'après mon analyse :

29 % de matière organique.
36, 7 % de phosphate de chaux.

L'azote de la substance s'élevait à 24 pour mille.

A son arrivée à Nantes, le chargement avait subi une fermentation extrêmement énergique : la température variait, dans la masse, de 30 à 45°. Une odeur extrêmement piquante et une forte vapeur acétique se dégageaient par les panneaux du navire.

Un dosage effectué avec soin me permit de reconnaître que ce résidu de la raffinerie d'Amsterdam contenait, dans cette circonstance, 3 millièmes de *phosphate des os* tenu en dissolution par les acides acétique et carbonique. Ce chiffre exprime la facilité avec laquelle ce phosphate de chaux, livré au sol sous les influences multiples qui y sont déterminées, se prête aux réactions diverses qui rendent l'acide phosphorique assimilable par les végétaux.

C'est ce qui m'a permis, il y a quelques années déjà, de poser en principe que la matière azotée joue, *tant par son absorption directe que par son action intermédiaire relativement aux phosphates*, un rôle des plus importants dans l'utilisation agricole des noirs de raffinerie, ainsi que le prouve l'efficacité bien différente d'un noir vierge et d'un noir azoté par le sang employé dans la chaudière à clarifier.

Une série de comparaisons nombreuses effectuées sur les engrais riches en acide phosphorique employés dans les terrains de transition de l'Ouest, m'a également permis d'établir que si le noir animal résidu de raffinerie est un corps essentiellement précieux pour l'agriculture, ce n'est pas seulement parce que, contenant de fortes proportions de phosphate de chaux, il peut, dans des sols siliceux, donner la matière minérale nécessaire au développement d'une grande quantité de céréales; ce n'est pas uniquement non plus parce que, concentrant sous un petit volume une foule de principes par trop disséminés dans les fumiers, il peut, relativement à ces derniers corps, jouer le rôle de la quinine vis-à-vis du quinquina, de la morphine vis-à-vis de l'opium, ou de la potasse vis-à-vis des cendres de végétaux; mais plutôt encore parce que, dans l'ensemble des éléments qu'il renferme au sortir de la chaudière à clarification, réside une solidarité de réaction extrêmement remarquable à tous égards. La meilleure preuve de la justesse de cette opinion se trouve dans la dissemblance frappante de deux noirs de raffinerie contenant les mêmes doses de phosphate et de matière azotée, mais soumis à une manipulation préalable différente. On en trouve encore un exemple frappant dans la différence d'action d'un noir animalisé au milieu de la chaudière du raffineur et *au sein de la matière sucrée* avec un noir artificiellement animalisé dans la chaudière improvisée d'un marchand d'engrais, ainsi que cela s'est, du reste, pratiqué à différentes reprises.

En résumé, dans une rotation de dix années, il est certain que deux noirs de raffinerie également riches en phosphate de chaux donneront, à peu de choses près, le même résultat final; mais en bonne économie agricole, où l'intérêt des capitaux affectés à la culture doit être strictement considéré, il faut produire vite, et diminuer autant que possible le fonds dormant d'une exploitation; de telle sorte qu'un grand avantage agronomique résultera toujours à dose égale, et je dirai même quelque peu inférieure, de l'emploi d'un noir animal notablement azoté. L'activité imprimée à la végétation, tant par le rôle propre de la matière animale que par la solubilité qu'elle communique indirectement au phosphate, compense largement l'intérêt du capital que l'inactivité d'un noir peu assimilable forcerait à enfouir dans le sol cultivé.

Vous le voyez, Messieurs, l'analyse chimique peut venir en aide au cultivateur, et il nous importe de connaître, au moins en substance, les procédés auxquels elle a recours. L'examen de ces procédés trouvera sa place dans une prochaine séance.

TROISIÈME LEÇON.

Messieurs,

Les différents principes que j'ai exposés dans ma dernière leçon ont une gravité telle dans l'application, qu'il m'a semblé indispensable de chercher leur confirmation dans les témoignages irréfutables d'une pratique éclairée. J'ai eu recours à l'obligeance de cultivateurs instruits et je leur ai demandé :

Si le mélange de matières organiques non azotées et non phosphatées au noir animal (la tourbe par exemple), avait produit des insuccès notoires dans la culture ;

Si les noirs riches en phosphates n'agissaient pas d'une façon distincte et n'étaient pas plus convenables à certaines cultures que les noirs très-chargés de sang ;

Enfin si ma classification des noirs en *résidus de raffinerie* et *noir animal proprement dit*, n'était pas l'expression rigoureuse d'un fait acquis à la pratique.

Les questions suivantes étaient posées dans ma lettre circulaire :

Le noir animal est-il employé avec succès dans votre localité ?

Son emploi remonte-t-il à une époque éloignée ?

Quelle est la nature des terrains où il réussit ?

A-t-on remarqué que le noir de telle ou telle provenance, de telle ou telle composition ait agi d'une manière spécialement favorable ?

A quelle culture le noir est-il appliqué ?

Quel est le prix moyen du noir livré à l'agriculture dans votre canton ? (Indiquer la qualité ou la provenance du noir, en spécifiant son prix.)

A-t-on remarqué une différence notable entre les effets des noirs de Russie très-chargés de phosphate de chaux et ceux des résidus de raffinerie, riches en matière animale, provenant de Nantes, Bordeaux, etc ?

L'emploi des mélanges de tourbe et de noir pur a-t-il causé des insuccès constatés. — Quelle a été l'importance de ces insuccès ?

Le résultat de cette enquête a complètement répondu à mon attente.

J'extrais, Messieurs, du volumineux dossier que j'ai pu former sur cette grave question d'économie agricole, les opinions qui me paraissent propres à fixer la vôtre de la manière la plus positive.

M. Philippe de Kérarmel, secrétaire de la société d'agriculture de Lorient, développe, dans la lettre qu'il m'a fait l'honneur de m'adresser, les différentes phases par lesquelles a passé l'emploi agricole du noir animal dans l'Ouest. Il montre le prix de cette précieuse substance s'élevant rapidement de 5 fr. l'hectolitre à 14 fr. Il cite les insuccès constatés, pour la culture des céréales, dans les terres de la Bretagne, où l'on a tenté l'emploi exclusif d'engrais azotés et pauvres en acide phosphorique. Les noirs de Russie, dont il a observé de surprenants effets, lui paraissent représenter, pour sa localité, un type d'engrais en tous points satisfaisant.

MM. Briot et Léon de Vuillefroc, président et vice président du comice agricole de Quimper, s'accordent à reconnaître les bons effets du noir animal dans les défrichements; mais la facilité avec laquelle l'arrondissement de Quimper peut recevoir des engrais d'origine maritime est un obstacle à la consommation du noir dont le prix est relativement élevé. Ces agriculteurs se louent particulièrement de l'emploi des cendres de goëmon.

M. le commandant Bruel, conseiller général de la Loire-Inférieure, et parfaitement à même, par la nature des landes à proximité desquelles il opère, de donner une opininion compétente sur la question, est convaincu de l'efficacité du noir animal. Pour M. le commandant Bruel, c'est surtout dans les terres vierges que le bon effet du noir se fait sentir, et la pratique des défrichements prouve, selon lui, que les engrais les plus azotés sont, en pareille circonstance, bien inferieurs aux engrais riches en acide phosphorique, venant de Saint-Pétersbourg et de Riga.

M. Gauthier, habile cultivateur, qui exploite depuis de longues années des terres situées au milieu des landes de l'arrondissement de Châteaubriand, n'hésite pas à conclure de ses nombreuses observations que, dans les terrains dont il voit chaque année entreprendre le défrichement, l'acide phosphorique est le principe fertilisant essentiel des engrais. Pour M. Gauthier, il y a proportionnalité directe et constante entre la dose d'acide phosphorique du noir animal et les résultats obtenus dans les landes bretonnes, et il est tellement persuadé de ce fait, — vrai, selon moi, dans le terrain exploité par M. Gauthier, — qu'il voudrait en voir, la constatation effectuée par une commission officielle.

M. Riou, conseiller général et maire de Machecoul, a remarqué que le noir animal réussissait toujours dans les terres nouvellement défrichées; mais il n'a point observé de différence extrêmement sensible correspondant aux doses distinctes des principes constituant les noirs employés. On comprend que ces différences soient moins saillantes dans le canton de Machecoul, très-voisin des terres calcaires de la Vendée, que dans l'arrondissement de Châteaubriant où les expériences de M. Gauthier ont fourni des résultats si tranchés.

C'est d'ailleurs, Messieurs, ce que démontrent parfaitement les judicieuses recherches de M. de Labrosse, maire d'Orvault (Loire-Inférieure), et membre distingué de la Chambre d'Agriculture de Nantes. La lettre que M. de Labrosse a bien voulu m'adresser en réponse à mes questions, établit, en effet, qu'*un succès immense* est dû à l'action du noir animal dans les départements des Deux-Sèvres, de la Vendée et de la Loire-Inférieure. Toutefois, ajoute cet agriculteur, c'est seulement dans les terres argileuses de ces départements que le succès a pu être constaté. Cette remarque corrobore les faits que j'ai moi-même établis plus haut.

M. le vicomte de Romanet, membre de la Société Impériale et Centrale d'Agriculture, a entrepris d'appliquer le noir animal aux défrichements de la Sologne. Le succès a dépassé ses espérances et lui a inspiré la rédaction d'une notice utile à consulter (1), dans laquelle il a étudié avec soin l'action de cet engrais.

M. de Romanet a remarqué que le noir produisait d'admirables résultats en Sologne, *mais uniquement sur les terres neuves*. J'ajouterai qu'en Bretagne l'action est tellement prolongée à ma connaissance, que depuis vingt-cinq ans certains sols sont fumés au noir sans qu'on voie le moindre inconvénient dans l'adoption d'une telle méthode. C'est ce qui arrive à l'Ecole Impériale de Grand-Jouan.

M. Edouard Derrien, ancien élève de Roville, et bien connu par les distinctions honorables décernées à sa fabrication de *guanos artificiels*, voit dans le noir animal et ses

(1) Du Noir animal et de son Mode d'Action. — Paris 1852

analogues, c'est-à-dire dans les engrais riches en acide phosphorique, des substances très-actives pour le défrichement des landes et l'amendement des terrains argilo-siliceux.

M. Lorois, ancien préfet du Morbihan, et qui se livre avec succès aux défrichements en Bretagne, partage cette manière de voir. Les noirs lui ont toujours donné d'excellents résultats, et il les emploie concurremment avec des sables coquillés, et des débris de poissons qu'il se procure à bas prix à l'embouchure de la Vilaine.

M. Riou, conseiller général de la Loire-Inférieure et maire de Paimbœuf, et M. Phelippe Beaulieu, s'accordent à déplorer les fraudes dont le noir animal est l'objet, et à constater son efficacité remarquable dans les défrichements. Selon M. Riou, on substitue souvent à cet engrais, dans son arrondissement, la chaux alternée avec les fumiers.

A ces considérations que sanctionne une pratique de longue date, je joindrai pour mémoire l'opinion de M. Leclerc Thouïn (1), qui considère le noir animal comme une substance spécialement appropriée aux terrains de l'Ouest.

En résumé, ce que je dois, Messieurs, faire remarquer, c'est que dans l'enquête à laquelle je me suis livré, il n'est pas une affirmation qui ne soit confirmée par des faits nombreux et avérés. Il est donc certain que les noirs les meilleurs pour la culture normale dans l'Ouest, sont ceux dans lesquels une forte proportion de phosphate est rendue facilement assimilable par une suffisante quantité de matière organique azotée putrescible.

Il est certain également que les noirs très-riches en acide phosphorique sont les meilleurs pour le défrichement des landes.

(1) Leclerc-Thouin, — rapporteur au ministère sur l'agriculture de l'Ouest de la France.

Il est certain enfin que la défaveur avec laquelle les engrais azotés proprement dits (poudrette, sels ammoniacaux, sang desséché, urines etc.), sont accueillis par la pratique agricole sur les terrains argilo-siliceux de l'Ouest, motive l'énoncé de la proposition suivante :

Le type répondant aux besoins des terrains alumino-siliceux, est représenté par les engrais dans lesquels l'acide phosphorique et l'azote sont co-existants.

J'arrive, Messieurs, à l'examen sommaire des procédés analytiques qui permettent d'apprécier la composition chimique des engrais sur lesquels je viens d'appeler votre attention :

L'analyse qualitative et quantitative des engrais renfermant de l'acide phosphorique à l'état libre ou combiné, et que j'ai dû, par la nature de mes fonctions, chercher à rendre aussi expéditive que possible, peut être simplifiée par l'usage de certaines méthodes qui consistent dans l'emploi du molybdate d'ammoniaque et d'une solution normale plombique.

Pour reconnaître *qualitativement* l'acide phosphorique, je ne sache pas de procédé plus sensible que celui qui est basé sur l'emploi du molybdate d'ammoniaque. Ce réactif a l'avantage de donner des résultats très-nets dans des liqueurs acides, et la présence de l'alumine ne gêne en rien pour son emploi.

On prépare ce molybdate en grillant le sulfure de molybdène naturel dans une capsule chauffée à la moufle d'un fourneau de coupelle ou simplement dans un creuset de terre incliné ; on réduit en poudre l'acide molybdique obtenu et on le met en contact avec de l'ammoniaque pendant plusieurs jours.

Pour rechercher l'acide phosphorique dans une terre, un engrais ou le résidu d'évaporation d'une eau quelconque, on dissout d'abord la substance dans l'acide chlorhydrique, on précipite par l'ammoniaque, on lave et on calcine. Le résidu repris dans un tube par l'acide chlorhydrique et additionné de quelques gouttes de molybdate d'ammoniaque, ainsi que je l'exécute sous vos yeux, donne lieu, sous l'influence de la chaleur, à un précipité jaune extrêmement remarquable. Cette réaction est des plus nettes, et elle m'a permis de constater la présence de l'acide phosphorique dans beaucoup de terres arables du midi de la France, dans le résidu de plusieurs eaux du département de la Gironde, que M. le professeur Baudrimont a bien voulu me faire parvenir, enfin dans les eaux de la Loire.

Les engrais phosphatés renferment généralement l'acide phosphorique à l'état de phosphate de chaux. Je crois devoir indiquer ici le procédé expéditif que nous avons proposé, M. Moride et moi, pour son dosage. Son adoption par M. Malaguti, professeur à la faculté des sciences de Rennes et vérificateur des engrais d'Ille-et-Vilaine, est une garantie suffisante de son exactitude.

La substance incinérée et débarrassée des sulfates, si elle en contient, est introduite dans un tube où elle est dissoute *à une faible chaleur* dans la plus petite quantité possible d'acide azotique pur. La dissolution une fois opérée, on verse le tout dans un verre à pied, en ayant soin d'enlever avec précaution les moindres traces de liquide que pourrait retenir le tube.

Le liquide ainsi obtenu représente le phosphate de chaux, le carbonate de chaux, l'alumine, l'oxyde de fer et la magnésie; il s'y trouve aussi en suspension la silice qu'une simple filtration permettrait de doser dans une analyse complète, mais que l'on néglige alors qu'on cherche uniquement à apprécier la richesse en phosphate du noir soumis à l'analyse.

La liqueur est saturée avec beaucoup d'attention au moyen d'ammoniaque pur qu'on verse goutte à goutte en agitant avec une baguette de verre. Chaque goutte d'ammoniaque, en tombant dans la solution, produit un précipité de phosphate de chaux qui ne tarde pas à se redissoudre par l'agitation, mais il arrive un moment où il devient insoluble; c'est alors qu'il faut discontinuer à verser l'ammoniaque. Il est important que le précipité ne constitue qu'un très-léger trouble, et on arrive facilement à saisir cet instant de transition avec un peu d'habitude. En ce moment, la liqueur est légèrement acide. On ajoute quelques gouttes d'acide acétique pour redissoudre autant que possible le phosphate en suspension.

Tel est le principe des manipulations que j'effectue en ce moment sous vos yeux.

Le procédé que nons avons reconnu comme le plus simple et le plus exact à la fois, pour doser rapidement le phosphate de chaux contenu dans la solution ainsi obtenue, consiste dans l'emploi d'une solution normale d'acétate de plomb que l'on verse dans le phosphate dissous, jusqu'à ce que l'iodure de potassium indique un excès d'oxyde de plomb au sein du mélange qu'on a eu le soin d'alcooliser.

Nous nous sommes basés, pour composer notre liqueur normale, sur la constitution du phosphate de plomb obtenu dans les conditions que je viens de signaler. Nous avons reconnu que ce phosphate était un mélange de sesquiphosphate, et d'une très-petite quantité de bi-phosphate de plomb. Sa composition est la suivante :

Acide phosphorique...........	20
Oxyde de plomb..............	80
	100

En conséquence nous avons dressé nos calculs sur ces chiffres que l'expérience nous a démontré être constants, et nous avons évalué la quantité d'acétate de plomb pur nécessaire pour représenter 80 d'oxide de plomb. Cette quantité égale 136,26.

Or, 100 parties du phosphate de plomb que nous obtenons, représentent par leur acide phosphorique 43,85 de phosphate de chaux des os, en adoptant pour ce dernier corps la formule $Ph\ O^5$, 3 Ca O admise par **M. Raewsky**; en conséquence, 310,74 représentera la quantité d'acétate de plomb cristallisé pur, nécessaire pour saturer l'acide de 100 parties de phosphate de chaux, soit 3^g,107 pour un gramme; ces 3 grammes 107 milligrammes dissous dans l'eau constitueront 50 centimètres cubes de liqueur normale. Donc, un litre de liqueur devra contenir 62^g,14 d'acétate de plomb.

Pour préparer la liqueur normale, nous prenons 62^g,14 d'acétate de plomb cristallisé, que nous triturons dans un mortier de verre ou de porcelaine au contact de l'eau distillée légèrement aiguisée d'acide acétique pur. Nous ajoutons successivement de l'eau jusqu'à dissolution du sel employé, et nous complétons le litre en ayant soin de bien laver le mortier. La dissolution s'achève par l'agitation dans la carafe graduée où s'opère le mesurage du liquide, et on la verse sans la filtrer, dans un flacon bouché à l'émeri, pour s'en servir au besoin.

Cinquante centimètres cubes d'une telle liqueur, introduits dans une burette graduée, pareille à celle qu'on emploie pour les essais alcalimétriques, selon Gay-Lussac, satureront 1 gramme de phosphate de chaux des os, c'est-à-dire que la burette étant divisée en 100 parties, chaque degré représentera 1 centigramme de phosphate.

L'opérateur, après avoir empli la burette graduée, prend une lame de verre à la surface de laquelle il dépose, avec un agitateur, une dixaine de gouttes d'iodure de potassium. Il verse alors dans la solution de phosphate, saturée par l'ammoniaque comme je viens de le faire devant vous, la liqueur plombique normale, en agitant vivement *après chaque nouvelle addition*; le phosphate de plomb prend immédiatement naissance et se précipite avec une rapidité remarquable.

Si, à cet instant, on mouille avec précaution l'extrémité d'un agitateur à la surface du mélange, *de manière à ne pas toucher au phosphate qui se dépose*, *mais seulement au liquide supérieur*, et si on porte la goutte obtenue sur une des goutelettes iodurées déposées sur la lame de verre, on s'assure facilement par la réaction produite, qu'il y a ou qu'il n'y a pas un excès d'oxyde de plomb dans la liqueur. On conçoit, en effet, que tant qu'il y aura du phosphate à décomposer, l'oxyde de plomb de l'acétate devra être absorbé par l'acide phosphorique, et donner naissance à un phosphate de plomb insoluble.

Cependant il arrive un moment où le liquide essayé donne une coloration jaune avec l'iodure de potassium, et où on pourrait croire le dosage effectué, quoiqu'il ne le soit pas en réalité. C'est qu'en cet instant le phosphate de chaux étant presque complètement décomposé, l'acide en excès dans la liqueur réagit faiblement sur le phosphate de plomb, et en détermine la solubilité; solubilité bien faible en réalité, mais assez intense cependant pour communiquer une coloration jaune à l'iodure de potassium servant de toucheau.

Cet indice donne promptement un aperçu préalable et approximatif sur la richesse de la matière en phosphate de chaux, car, ainsi que nous allons le voir, cette première coloration jaune obtenue sur la lame de verre précède de bien peu le véritable signe de la fin de l'opération.

On ajoute à la liqueur *les deux tiers de son volume* d'alcool, de manière à annihiler la puissance faiblement dissolvante de l'acide en excès, et à partir de ce moment on verse avec précaution la solution plombique, en ayant toujours soin d'agiter avec une baguette de verre, et de *laisser opérer le dépôt du phosphate de plomb* avant de toucher la surface du mélange avec l'agitateur. Dès que la goutelette d'épreuve acquiert une coloration jaune verdâtre, par suite de son contact avec l'iodure de potassium, on s'arrête ; on lit le degré qui représente sur la burette le volume de solution normale employée, et on obtient ainsi le titre en phosphate du noir animal ou de l'engrais essayé.

Nous devons ajouter ici que pour les cendres présumées riches en phosphate de chaux, on peut verser à la fois 5 degrés de liqueur plombique, la première coloration, jaune vif, précédant généralement de 5 ou 7 degrés celle que l'on obtient postérieurement à l'addition d'alcool.

Si on employait de l'acétate de plomb qui ne fut pas parfaitement pur, il faudrait faire un essai préalable de la liqueur normale, en dissolvant un gramme de phosphate de chaux pur dans de l'acide azotique, ainsi que je l'ai dit plus haut, et examinant quelle quantité de liqueur normale cette solution phosphatée pourrait absorber. Il sera d'ailleurs toujours prudent de faire cet essai préalable, un simple calcul de proportion permettant ensuite de ramener le résultat trouvé à sa véritable valeur relative.

Cette méthode phosphatométrique ne demande que quelques minutes pour être exécutée. Elle donne des résultats d'une précision toujours difficile à obtenir quand il faut doser des phosphates mélangés avec de l'alumine, et se résume dans les opérations suivantes :

1° Dissolution dans l'acide azotique de la matière débarrassée des sels solubles dans l'eau.

2° Saturation par l'ammoniaque jusqu'à apparence d'un léger précipité que l'on redissout avec quelques gouttes d'acide acétique.

3° Saturation de l'acide phosphorique au moyen de la liqueur normale plombique.

4° Addition d'une quantité d'alcool égalant les 2/3 du volume total, dès que la goutte d'essai prise à la surface de la liqueur jaunit l'iodure de potassium placé sur une lame de verre.

5° Examen de l'instant où un excès de sel plombique apparaît dans le liquide mélangé d'alcool.

Je crois inutile de décrire les différents procédés de détermination des autres principes contenus dans les engrais, tels que magnésie, chaux, etc. Ce que je dois cependant mentionner, c'est que le procédé si ingénieux de M. Péligot, pour le dosage de l'azote, peut être rendu d'une pratique extrêmement rapide et commode, lorsqu'on se sert d'une grille à trois tubes et que ces derniers n'ont qu'une longueur de 35 centimètres. On peut ainsi faire, dans une journée et sans fatigue, 9 dosages d'azote avec une grande exactitude.

V.

Aux circonstances en vue desquelles j'ai dû raisonner jusqu'ici, je vais désormais substituer, Messieurs, l'hypothèse d'un terrain normal, c'est-à-dire contenant tous les principes minéraux indispensables à la végétation.

A des nécessités nouvelles correspondront des moyens d'action également nouveaux.

« Dans tous les temps, dit M. Boussingault (1), les agriculteurs ont admis que les engrais les plus énergiques dérivent des substances d'origine animale. » Dans ces substances, en effet, se trouvent à la fois et la source des combinaisons ammoniacales eminemment fertilisantes, et la matière minérale nécessaire à constituer la charpente osseuse du végétal. Quelque minime que soit la proportion de cette matière minérale, il est nombre de terrains pour la fertilisation desquels elle est plus que suffisante.

Je crois parfaitement inutile de rappeler à votre esprit les avantages qui résultent, pour les exploitations agricoles, du soin apporté à fixer et recueillir tous les principes azotés des fumiers. Regardant comme acquis les principaux

(1) Economie Rurale, tome I, pag. 691.

faits relatifs à l'influence des matières azotées sur la végétation, je me bornerai à les interpréter et à les relier entre eux par des lois.

Les fumiers constituent d'excellents engrais; ils renferment sous un volume réduit par la fermentation, les substances enlevées au sol par la culture, et si on leur ajoute les déjections humaines et les produits d'écarissage, il est évident qu'on rend à la terre à peu près tout ce qu'on lui a emprunté. Les anciens avaient parfaitement compris la haute importance des fumiers : de là le culte du dieu *Stercutus*, de là aussi les judicieux et multiples conseils contenus dans les œuvres de Columelle, Palladius, Caton, Pline, Dyonisius Cassius d'Utique, sur l'emploi de ces engrais (1).

Lorsque vous voulez semer du froment dans un champ, disait Caton, faites-y parquer vos moutons.

Attachez-vous, dit le même auteur, a obtenir un gros tas de fumier. Conservez soigneusement vos engrais.

Je considère comme peu soigneux, ajoute Columelle, les cultivateurs chez lesquels on ne recueille pas chaque mois une voie (7 à 8 hectolitres) de fumier par tête de menu bétail, et dix voies par tête de gros bestiaux ; chez lesquels chaque personne n'en fournit pas autant, soit par ses déjections de toute nature, soit par les ordures des basse-cours et les balayures qu'on ramasse et qu'on doit journellemeut entasser dans la ferme.

Rien que de très-sage et de très-naturel dans ces préceptes. Mais ce qui devient plus intéressant, c'est l'insistance avec laquelle les anciens conseillent l'emploi de ces puissants engrais mixtes dans lesquels l'azote se trouve à l'état

(1) M. Isidore Pierre, chimiste distingué et professeur à la Faculté des Sciences de Caen, a résumé dans un travail curieux qu'ont inséré les Annales de l'Agronomie Française, les opinions des anciens Romains sur les engrais et les amendements

de phosphate d'ammoniaque, uni à de l'urate d'ammoniaque et à des phosphates de chaux et de magnésie.

Le meilleur engrais, selon Dyonisius Cassius d'Utique, est la fiente d'oiseaux. La colombine, pour cet auteur, « mérite le premier rang à cause de sa *chaude énergie.* »

Après l'engrais des colombiers, il convient de placer, selon le même auteur, la matière fécale humaine.

Je pense, dit Varron, que, malgré l'opinion de Dyonisius Cassius, la fiente de merles et de grives est supérieure à la colombine.

Ecoutons maintenant Columelle : « Parmi les fumiers d'oiseaux, celui qui passe pour le meilleur est celui qu'on retire des colombiers; vient ensuite celui des poules et autres volatiles, en exceptant les oiseaux aquatiques et nageurs, tels que le canard et l'oie, dont la fiente est même nuisible. »

Les anciens connaissaient donc parfaitement les propriétés actives de ces excellents engrais complèxes dans lesquelles la nature a condensé sous un volume si avantageux pour l'agriculture, des éléments fécondants aussi précieux que l'azote, l'acide phosphorique, les oxydes de calcium et de magnésium.

100 parties de colombine sèche renferment, d'après Boussingault, 9,02 % d'azote et une notable proportion de phosphates; les excréments de l'homme, desséchés, 1,48 % d'azote et 0,82 % d'acide phosphorique; la poudrette de Montfaucon, 2,67 d'azote et 1,08 d'acide phosphorique. Il est facile dès lors de comprendre l'efficacité puissante de la colombine, si on se reporte à l'action connue des deux substances que je viens de citer comparativement.

Tout le monde connaît, aujourd'hui, les admirables résultats offerts parle guano. Sous ce nom générique le commerce livre à l'agriculture, à des prix beaucoup trop élevés pour que celle-ci y trouve grand profit, des substances bien distinctes, comme on peut en juger par les chiffres suivants :

GUANOS.	AZOTE %.	PHOSPHATES TERREUX.
Du Pérou................	14,3	24
D'Ichaboë................	6,0	30
De Patagonie.............	2,0	44
De Saldanha..............	1,3	56

Les chiffres que je viens de citer, et qui sont dus à M. Francis Way, chimiste de la Société royale d'Agriculture de Londres, sont corroborés par ceux que j'extrais de mon registre d'analyses et dont voici le résumé.

GUANOS arrivés Dans le port de Nantes	MATIÈRE organique et sels ammoniacaux	AZOTE des Sels ammoniacaux.	SELS FIXES de potasse, soude, chaux et magnésie.	PHOSPHATES terreux.	SABLE.
Arrivé par Ostende (1852)....	25	4,5	6,2	12,8	56
Patagonie................	19	1,5	3,5	31,5	46
Pérou (1853)...	69,5	16	6,1	17	15
Provenance inconnue........	16,8	0,6	1,7	24,5	57

On voit que si, d'une part, les guanos de bonne qualité offrent une composition essentiellement complèxe, puisqu'elle se rapproche à la fois de celle des engrais spéciaux aux terrains de l'Ouest et des engrais azotés proprement dits ; d'autre part, beaucoup de guanos ne sont, à vrai dire, que des phosphates très-pauvres en ammoniaque. On s'explique ainsi l'action très-différente suivant les cultures et les sols, des substances nombreuses vendues dans le commerce sous le nom de guano.

Cette différence d'action donne toute raison d'être à la production régulière et intelligente des *guanos artificiels* que M. Edouard Derrien a organisée à Nantes sur une vaste échelle.

Est-il possible de classer les guanos d'après leur richesse en azote? faut-il voir au contraire dans leur richesse en acide phosphorique l'indication de leur valeur? Je crois que dans l'un ou l'autre de ces cas on se tromperait grossièrement. Non seulement en effet il faut tenir compte, en pareille circonstance, de la plante à cultiver et de la saison ou elle se développe, mais aussi de la nature du sol et de la texture physique de l'engrais. Vouloir simplifier le problème et formuler sa solution numériquement, c'est, selon moi, le compliquer de la manière la plus fâcheuse. Je reviendrai tout-à-l'heure sur ce point spécial de la question, mais je puis déjà poser en principe, que si le guano est un excellent engrais c'est qu'il renferme sous un petit volume, comme la colombine, les éléments les plus convenables à la nutrition des végétaux, et que ces éléments y sont physiquement associés de manière à se désagréger avec facilité.

Dans les terrains calcaires le guano agit surtout par son azote: aussi donne-t-il principalement de beaux résultats sur les prairies. En général du reste (et je parle du guano type, de celui du Pérou), on remarque *qu'il augmente particulièrement le rendement de la paille* : c'est ce qui est résulté des essais effectués dans la Corrèze, par M. Lobelliat; dans la Loire-Inférieure, par M. Rieffel; dans l'Ile-et-Vilaine, par M. Bodin, et dans les Bouches-du-Rhône, par M. De Bec. Ce fait est en harmonie parfaite avec ce que les paysans, qui emploient corrélativement le noir animal et les poudrettes, ont toujours remarqué. « Le noir animal, disent-ils, fait grainer le froment; la poudrette pousse à la paille. »

Quelque significatifs que soient ces faits, quel que soit l'avantage des engrais à la fois riches en acide phosphorique et en azote, lorsqu'on peut se les procurer à prix raisonnable, il faut toutefois reconnaître que, dans certains terrains privilégiés, le sol et la culture peuvent, pendant de longues années, suffire à la fertilisation sous la seule influence de l'irrigation. L'eau dissout et transporte dans ces terrains les substances fixes du sol; les végétaux de la prairie les condensent et le bétail fait le reste. Tout en exportant le bétail et le blé produits sur un tel domaine, le cultivateur se contente souvent de stimuler l'assimilation d'une nouvelle quantité de produits minéraux du sol par l'introduction de quelques engrais azotés. C'est seulement dans ce cas, c'est-à-dire dans un sol *normal*, que les engrais azotés ou plutôt que l'azote des engrais acquiert une importance capitale. Toutefois on ne saurait même, dans ce cas, établir l'échelle de proportionnalité d'action des combinaisons d'azote qu'avec circonspection et en subordonnant l'énoncé du théorême à la culture, c'est-à-dire aux circonstances spéciales dans lesquelles l'expérience est effectuée. Il est même prouvé, par les expériences de M. Kulmann, résumées dans le tableau ci-joint, que l'ammoniaque est surtout assimilable lorsqu'il est combiné avec l'acide phosphorique :

N° d'ordre.	NATURE de l'engrais employé.	QUANTITÉ par HECTARE.	RÉCOLTE OBTENUE en foin.	RÉCOLTE OBTENUE en regain.	RÉCOLTE OBTENUE Total.	EXCEDANT DU A L'ENGRAIS en foin.	EXCEDANT DU A L'ENGRAIS en regain.	EXCEDANT DU A L'ENGRAIS Total.	AZOTE PAR 100 D'ENGRAIS.	Excédant de recolte fourni par 100 d'azote contenu dans l'engrais
			k.	k.	k.	k.	k.	k.		
1	Aucun engrais................	16666	2497	1393	3820	(3)	»	»	»	»
2	Eau ammoniacale des usines à gaz.	lit. à 3°					»	»	»	»
»	Saturée par le liquide d'acidification d'os, et contenant en sel ammoniac..................	333	6533	3373	9906	4106	1980	6086	26,43	6916
3	Sulfate d'ammoniaque (1)........	250	3947	1617	5564	1520	224	1744	20,30	3436
4	Nitrate de soude (1)...........	250	3867	1823	5690	1440	430	1870	15,74	4752
5	Nitrate de chaux sec (1)	250	3367	2030	5397	940	637	1577	17	3710
6	Chlorure de calcium...........	250	2417	1413	3830	»	»	»	»	»
7	Phosphate de soude cristallisé....	300	2693	1633	4326	266	240	506	»	»
8	Os incinérés.................	800	2353	1300	3653	»	»	»	»	»
9	Gélatine d'os (2)..............	500	4180	2203	6383	1753	810	2563	16,51	3104
10	Guano du Pérou..............	600	4090	2270	6360	1663	877	2540	4,08	8500
11	Idem......................	300	3437	1966	5403	1010	573	1583	4,98	10595
12	Tourteaux de lin..............	800	2647	1773	4420	220	380	600	5,20	1442
13	Huile de colza................	600	2393	1000	3393	»	»	»	»	»
14	Idem......................	300	2687	1356	4043	»	»	»	»	»
15	»	»	»	»	»	»	»	»	»	»
16	Fécule.....................	800	2267	1586	3853	»	»	»	»	»
17	Glucose (sirop massé)..........	800	2333	1114	3447	»	»	»	»	»

(1) Représentant 95 0/0 de sel pur et sec.
(2) Représentant 90 0/0 de gélatine sèche.
(3) D'après le poids moyen des récoltes des compartiments sans engrais.

Il me semble, Messieurs, que l'influence de l'azote est rendue évidente *pour un sol normal*, par les expériences que je viens de citer; mais ce qu'il faut remarquer, c'est que cet azote, ainsi que je vous le disais tout à l'heure, agit notamment lorsque l'acide phosphorique existe dans l'engrais. Ce que je dois également ajouter, c'est que les expériences faites sur des prairies sont loin de donner une idée aussi précise de l'action générale des engrais que les essais effectués sur des terres à céréales. A Belchebronn, M. Boussingault a vu le sulfate d'ammoniaque donner de très-bons résultats sur des prairies, tandis que sur des sols de froment on a à peine obtenu de l'excédant. Je devais vous signaler ce fait.

L'activité du tourteau de graines oléagineuses employé comme engrais, la faveur dont il est l'objet dans les terrains du midi de la France, confirment pleinement tout ce que j'ai dit plus haut sur l'appropriation des engrais aux natures diverses des sols.

Qu'est-ce qu'un tourteau, sinon une substance azotée dans laquelle l'azote varie entre les limites élevées de 3 1/2 à 5 1/3 %, et où nous trouvons une heureuse association de sels minéraux et de principes gazeux *organogènes ?*

M. Boussingault a établi par des expériences positives, que l'emploi corrélatif du tourteau et de la chaux avait pour effet de déterminer la perte d'une notable portion d'azote a l'état d'ammoniaque. Des essais effectués avec le plus grand soin ont prouvé à MM. Gasparin et Kulmann que ce n'était point la substance huileuse des tourteaux qui agissait comme principe fertilisant lorsqu'on avait recours à cet engrais. Enfin, les fermiers du Yorkshire ont reconnu, au dire du docteur Hunter, que le tourteau agit surtout lorsqu'il est bien privé d'huile.

En résumé, 100 kilog. de tourteau renferment autant d'azote que 1206 kilog. de fumier de ferme. Je me garderai bien de tirer de ce fait important une conséquence rigoureusement mathématique, et d'établir par suite les *équivalents* de ces deux agents fertilisants. Ce que je me contenterai de faire remarquer, c'est que le tourteau est un engrais azoté, et que sa richesse en azote combinée avec celle de ses substances minérales, explique parfaitement les succès qu'il procure (1).

Comprenant sous le dénomination d'engrais azotés les matières organisées animales, je crois donc fermement que : *Le type répondant aux besoins des terrains dans lesquels la nature a réuni les substances minérales nécessaires à la végétation, est représenté par les engrais azotés.*

VI.

Ma sixième proposition n'est, à vrai dire, Messieurs, qu'un simple corollaire de ces principes; cependant son énoncé m'a paru devoir être mis en relief, comme propre à fixer l'opinion des fabricants d'engrais sur un point fondamental de leur industrie.

M'appuyant sur les propositions IV et V développées plus haut, je me borne à énoncer la loi suivante :

On peut dire avec M. Dumas, que parmi les moyens économiques propres à rendre à l'agriculture tous les produits essentiels que les plantes ont soustraits au sol, le dernier mot de la chimie se résume en — ammoniaque et phosphates terreux.

VII.

Je crois avoir démontré, Messieurs, que l'analyse chimique était souvent dépassée comme agent d'appréciation qualitative par l'assimilation mystérieuse effectuée pendant

(1) Le tourteau d'arachides sec contient, d'après Souberian et Girardin, 6 0/0 d'azote ; d'après M. Payen, 8,33 de ce principe ; cependant son emploi est beaucoup moins avantageux que celui du colza. — Or, le tourteau d'arachides

la végétation comme pendant la vie. Les végétaux et les animaux, en effet, agissent comme de merveilleux appareils condensateurs et extraient du sol pour les accumuler, des substances qui y étaient divisées à l'infini. Je crois avoir également prouvé qu'à composition identique, deux substances fertilisantes diffèrent quelquefois d'une manière notable dans la pratique. Enfin, j'ai établi que l'azote et l'acide phosphorique étaient les principes constitutifs qui devaient être plus spécialement considérés comme importants pour l'action économique des matières fertilisantes. Les conséquences de ces faits me paraissent découler assez directement pour que j'essaie de les formuler.

Et tout d'abord, qu'il me soit permis de déclarer, Messieurs, qu'en traçant ce que je crois être la ligne d'action la plus sûre et la plus profitable pour l'agriculteur, j'entends me placer à un point de vue *pratique*. Je doute qu'en agriculture comme en pathologie, il soit possible de formuler des lois *rigoureusement mathématiques*. Le but, en pareil cas, est résumé par une approximation en rapport avec les besoins généraux : c'est à cette pensée que j'ai tenté de subordonner les expositions sur lesquelles j'ai appelé votre attention.

A cette question souvent posée : « Peut-on déterminer la valeur réelle et vénale des engrais, dans tous les cas où l'on doit en faire usage, par la seule connaissance des quantités d'azote et d'acide phosphorique qu'ils contiennent, » je répondrai donc :

Oui, — la connaissance de l'azote et de l'acide phosphorique est spécialement utile, lorsqu'on veut se former une idée exacte de la valeur des engrais commerciaux. Seule, cette connaissance ne suffirait évidemment pas,

est le plus pauvre de tous en phosphates : le tourteau de colza renferme quatre fois plus d'acide phosphorique que lui. Ce fait mérite d'être signalé comme propre à établir la solidarité d'action des principes fécondants des engrais.

puisque du phosphate d'ammoniaque, par exemple, serait impuissant, dans un sol formé d'alumine et de silice, à donner à la plante les alcalis dont elle a besoin ; mais en se plaçant sur le terrain des faits et en réfléchissant à l'origine manufacturière ou agricole des substances fertilisantes, c'est-à-dire à la nature des principes qui accompagnent toujours, dans ces substances, l'azote et le phosphore, on ne peut s'empêcher d'arriver à la conclusion que je viens de formuler, en faisant d'ailleurs toute réserve pour les questions incidentes relatives à la contexture physique.

Sagement interprété, un tel théorème peut être la base d'applications législatives d'une énorme importance pour l'agriculture. La falsification des engrais a pris en effet, depuis quelques années, un immense développement. Sur le noir animal seulement elle s'est exercée dans les départements de l'Ouest avec une telle impudeur, qu'on peut représenter par 12 à 15 millions de francs la somme qu'elle a indûment prélevé sur le travail des agriculteurs. Les scandales causés par les fabricants d'engrais prétendus *concentrés* ont trop vivement préoccupé l'attention publique pour que j'aie besoin de les rappeler. La fraude, il faut bien le dire, est devenue en quelque sorte la conséquence nécessaire de la production des engrais artificiels. Un tel état de choses ne peut durer.

Dans mon opinion bien arrêtée, l'agriculture peut être mise à l'abri des honteuses spéculations de la fraude accomplie sur les substances fécondantes, *et sans s'attacher à la question de savoir si tel principe constitutif des engrais est plus énergique que tel autre*, on peut affirmer qu'une législation est possible en pareille matière. C'est ce qu'ont prouvé, dans l'Ouest, les nobles efforts de MM. Gauja et de Mentque, préfets de la Loire-Inférieure ; c'est ce que prouvent également la haute sollicitude manifestée à cet égard par M. Henri Chevreau, notre préfet actuel, et enfin les études spéciales entreprises depuis quelque temps par les administrations de plusieurs départements de l'Ouest et du Centre de la France.

Je le disais, en 1850, dans le rapport que j'avais l'honneur d'adresser à M. Dumas, alors ministre de l'agriculture, et je crois devoir le répéter ici, afin de bien préciser ma pensée sur ce grave sujet :

« La difficulté ne consiste pas positivement à trouver des moyens de repression, mais bien à les rendre compatibles avec une sage liberté du commerce. C'est en raison de la nécessité de satisfaire à cette double condition que tant de procédés législatifs, de projets d'arrêtés, de réglementations du commerce d'engrais ont été rejetés après mûr examen. Il faut — et cela est loin d'être facile — faire en sorte que le commerçant honnête soit protégé, et que le fraudeur soit arrêté dans sa falsification ; il faut que de puissantes garanties soient données au cultivateur ignorant, et que ces garanties n'entraînent, pour le vendeur, aucun retard, aucune entrave dans la livrais on de la substance qu'il débite. Encore une fois, une telle tâche offre de nombreuses difficultés pratiques.

» N'y aurait-il pas, par exemple, une entrave apportée à la liberté de commerce, dans l'obligation de faire déclarer par un marchand la *composition industrielle de son engrais?* Je n'hésite pas à répondre affirmativement.

» Qu'on exige d'un commerçant qu'il indique la composition chimique d'un engrais mis en vente, rien de mieux. Il y a mille formules industrielles différentes pour arriver à une seule composition, et en rendant celle-ci publique, l'administration ne trahit nullement pour cela le secret de l'inventeur. Il n'en serait pas de même si l'on exigeait la composition industrielle. A l'administration le contrôle du résultat et de la loyauté des ventes, à l'industriel le secret du métier : c'est justice. »

La conclusion que je formulais à cette époque et au sujet de laquelle une expérience de chaque jour n'a pas fait varier mes idées, était la suivante :

« Ce que l'administration peut et doit faire, c'est exiger que les engrais soient vendus avec l'indication de leur composition chimique. »

Si j'insiste, Messieurs, sur cette conclusion, c'est que je suis profondément convaincu que seule elle respecte l'indépendance scientifique en même temps que cette liberté d'allures si nécessaire aux transactions du commerce. Elle est d'ailleurs la conséquence directe et logique, selon moi, de laproposition suivante dont je crois avoir démontré l'exactitude.

Quelqu'imparfaite que soit l'analyse chimique, elle est cependant, dans l'état actuel de nos connaissances, le guide le plus certain auquel l'agriculteur puisse avoir recours, à la condition toutefois de tenir compte des circonstances physiques dans lesquelles ce guide est utilisé.

Les mesures adoptées pour réprimer les fraudes des engrais, en éclairant les cultivateurs sur leur composition chimique, prouvent que ce principe a été pris pour base d'une sérieuse action dans les départements de la Loire-Inférieure, d'Ille-et-Vilaine, de la Vendée, de Maine-et-Loire, de la Côte-d'Or, de Seine-et-Marne, des Côtes-du-Nord, etc. (1).

Mais je m'aperçois, Messieurs, que la tâche que je

(1) Ces divers départements sont aujourd'hui dotés de bureaux de contrôle pour l'analyse des engrais. Au bureau de Nantes, 2,500 analyses d'engrais environ ont été faites depuis quatre années, et sous l'influence des écriteaux indicateurs de la composition chimique, placés dans tous les chantiers de vente, le phosphate de chaux s'est graduellement élevé de 25 °/。 à 42 °/。 dans les mélanges à base de matière osseuse, livrés à l'agriculture de l'Ouest.

m'étais imposée est désormais remplie. Ce n'était, en effet, que sur l'examen chimique des engrais que je m'étais proposé d'appeler vos méditations. Je bornerai cet examen aux considérations générales que je vous ai soumises, heureux de la bienveillante attention avec laquelle vous avez assité à leur développement dans cette enceinte.

FIN.

Nantes, Imprimerie W. Busseuil.

OUVRAGE DU MÊME AUTEUR.

LEÇONS ÉLÉMENTAIRES DE CHIMIE, appliquée aux arts, à l'agriculture, à l'hygiène et à l'économie domestique, professées à la chaire municipale de Nantes, sous les auspices du Ministre de l'agriculture, du commerce et des travaux publics. — Volume de 500 pages avec planches. — 1852.

TRAITÉ DE MANIPULATIONS CHIMIQUES. Description raisonnée de toutes les opérations chimiques et des appareils dont elles nécessitent l'emploi. — Un volume in-octavo avec planches et figures dans le texte. — Paris, 1843.

COMMENTAIRES SUR LA NOUVELLE LÉGISLATION DES ENGRAIS DE LA LOIRE-INFÉRIEURE. — Brochure in-octavo. — Nantes, 1850.

RAPPORT A M. LE MINISTRE DE L'AGRICULTURE ET DU COMMERCE sur la question des Engrais dans l'Ouest de la France. — Brochure in-octavo. — Nantes, 1852.

CONSEIL AUX CULTIVATEURS DE L'OUEST, sur le choix, l'achat et l'emploi des Engrais. — Deuxième édition revue et augmentée. — Nantes, 1852.

ÉTUDES CHIMIQUES SUR LES COURS D'EAU DE LA LOIRE-INFÉRIEURE. (Bobierre et Moride.) — Un volume in-octavo. — Nantes, 1847.

Ce volume a valu aux auteurs un grand prix Monthyon décerné par l'Institut.

Imp. W. Busseuil, rue Santeuil, 8.

www.ingramcontent.com/pod-product-compliance
Ingram Content Group UK Ltd.
Pitfield, Milton Keynes, MK11 3LW, UK
UKHW021645260726
13994UKWH00003B/1276